BEI GRIN MACHT SICH IHR WISSEN BEZAHLT

AF149596

- Wir veröffentlichen Ihre Hausarbeit,
  Bachelor- und Masterarbeit

- Ihr eigenes eBook und Buch -
  weltweit in allen wichtigen Shops

- Verdienen Sie an jedem Verkauf

Jetzt bei www.GRIN.com hochladen
und kostenlos publizieren

GRIN

Michael Arend

Operationalisierung des Begriffs Eliten

Abhängigkeit der Chance als Elite rekrutiert zu werden von der sozialen Herkunft

GRIN Verlag

Bibliografische Information der Deutschen Nationalbibliothek:

Die Deutsche Bibliothek verzeichnet diese Publikation in der Deutschen National-
bibliografie; detaillierte bibliografische Daten sind im Internet über http://dnb.d-
nb.de/ abrufbar.

Impressum:

Copyright © 2008 GRIN Verlag GmbH
Druck und Bindung: Books on Demand GmbH, Norderstedt Germany
ISBN: 978-3-640-30974-0

Dieses Buch bei GRIN:

http://www.grin.com/de/e-book/125246/operationalisierung-des-begriffs-eliten

Fakultät für Staats- und Sozialwissenschaften

Sommermodularbeit 2008

Modularbeit: Empirische Methoden und Statistik

Sommertrimester 2008

Operationalisierung des Begriffs Eliten

(Abhängigkeit der Chance als Elite rekrutiert zu werden von der sozialen Herkunft)

von

Michael Arend

M.A.: Staats- und Sozialwissenschaften 2007

4.Trimester

Universität der Bundeswehr München

GLIEDERUNG

1 EINLEITUNG

Der Versuch das gegliederte Schulsystem in den 1970er Jahren mit der Einführung von Gesamtschulen zu ersetzen und somit allen die gleichen Bildungschancen zu geben ist gescheitert. Ziel war eine höhere soziale Durchlässigkeit und höhere Abiturientenquoten. Letztere sind geblieben, doch die Gesamtschulen selber sind zu modernen Volkschulen verkommen und bilden nun mit den Hauptschulen das untere Ende des deutschen Schulsystems[1].

Heute dagegen ist von Abschaffung des gegliederten Schulsystems nicht mehr die Rede, stattdessen gewinnt die Diskussion über Eliten an Popularität. Eliteschulen und Hochschulen sind das Thema. Ziel von Wirtschaft und Politik ist es, die deutsche Hochschullandschaft nach dem Vorbild Amerikas und Englands zu reformieren und Eliteuniversitäten nach dem Vorbild Harvards oder Oxfords zu schaffen. Eine handlungsfähige Elite soll geschaffen werden, welche international konkurrenzfähig ist.[2] Soziale Durchlässigkeit scheint aus dem Fokus verschwunden zu sein. Zwar betonen die Elitebefürworter, dass man in keinem Falle eine Herkunftselite wolle, sondern Leistungseliten[3], doch wie sieht die Elitenrekrutierung der deutschen Eliten aus? Fraglich ist sicher, ob es tatsächlich eine Chancengleichheit gibt und Leistung der einzige Faktor bei der Elitenauswahl ist. Es stellt sich also die Frage, wie groß heute die Abhängigkeit von der Chance Elite zu werden und der sozialen Herkunft in Deutschland ist. Dies ist die Kernfrage, die diese Arbeit zu beantworten versucht. Als Grundlage zur Beantwortung der Frage dienen dieser Arbeit dabei die Forschungsergebnisse von Michael Hartmann aus den Jahren 1995-97[4], in der er die Rekrutierung der deutschen Topmanager als erster nach Kruk 1972 zum Thema einer soziologischen Studie macht. Genauso seine Einführung in die Elitesoziologie von 2004[5] und seine Arbeit über die Eliten in

---

[1] [-]: Neue alte Idee. In: Die Zeit 29 (2007), URL: http://www.zeit.de/2007/29/Neue_alte_Idee, S.16.
[2] Hartmann, Michael: Elitesoziologie. Eine Einführung. Frankfurt/Main 2004, S.7.
[3] Ebd., S.8.
[4] Hartmann, Michael: Klassenspezifischer Habitus oder exklusiver Bildungstitel als soziales Selektionskriterium?. Die Besetzung der Spitzenpositionen in der Wirtschaft. In: Krais, Beate (Hrsg.):An der Spitze. Von Eliten und herrschenden Klassen. Konstanz 2001, S.157-215.
[5] Hartmann: Elitesoziologie.

Europa, in denen er die deutsche Eliterekrutierung international vergleicht[6]. Hartmann ist demzufolge der derzeit führende deutsche Wissenschaftler auf dem Gebiet der Eliteforschung.

Wie auch Hartmann in seiner Studie, konzentriert sich diese Arbeit dabei auf die Rekrutierung der Wirtschaftseliten, da besonders in der Wirtschaft das Leistungsprinzip gelten sollte. Zum anderen scheiden sowohl die politische Elite, als auch die militärische aus. Zunächst ist das politische Amt oft ein nebenberufliches und nicht selten mit einer bedeutenden Wirtschaftsposition verknüpft, so dass bei der Betrachtung der politischen Eliten von vielen Störvariablen ausgegangen werden muss. Die militärische Eliterekrutierung ist dagegen stark formalisiert und an gewisse Faktoren, wie z.B. die Fachhochschulreife für Offiziere gebunden. Die wirtschaftliche Elite dagegen steigt meist früh in die Wirtschaft ein, die Entwicklung zu Elite jedoch erfolgt erst später, so dass die Inhaber von Führungspositionen im Durchschnitt 50 Jahre alt sind[7]. Somit ist in der Wirtschaft von einer umfassenden Prüfung bei der Rekrutierung der Eliten auszugehen, welche weder formalisiert ist, noch zu viele Störvariablen enthält.

Da der Begriff Elite vielseitig verwendet wird (z.B. Eliteeinheiten beim Militär) und in der Geschichte sowohl positiv als auch negativ gebraucht wurde, wird am Anfang dieser Arbeit der Begriff geklärt und besonders die Bedeutung des Begriffs Elite in Deutschland veranschaulicht, um darauf aufbauend den durch den Faschismus begründeten Sonderweg in der deutschen Eliterekrutierung zu verdeutlichen. Danach werden die zwei Hauptselektionskriterien in der Eliterekrutierung sozialer Habitus und Bildung behandelt, um klar zu machen inwieweit gerade der soziale Habitus auf die Chance als Elite in Deutschland rekrutiert zu werden wirkt. Dazu werden in dieser Arbeit die bereits vorliegenden Forschungsergebnisse von Michael Hartmann[8] auf diese Fragestellung hin untersucht und mit denen von Schubert vertieft, welcher die Forschungsergebnisse Hartmanns mit denen von anderen Forschungsergebnissen vergleicht[9]. Abschließend wird der deutsche Weg mit dem anderer großer Industriestaaten verglichen, um die Eliterekrutierung in Deutschland

---

[6] Hartmann, Michael: Eliten und Macht in Europa. Ein internationaler Vergleich. Frankfurt/Main 2007.
[7] Schubert, Klaus: Leistungseliten: Die Bedeutung sozialer Herkunft als Selektionskriterium für Spitzenkarrieren. Eine Analyse unter besonderer Berücksichtigung von Sozialisation und Qualifikation. Hamburg 2005, S.63f.
[8] Hartmann: Habitus oder Bildungstitel.
[9] Schubert: Leistungseliten.

4

international einordnen zu können. Resümierend werden dann die Ergebnisse der Arbeit im Schluss einer Betrachtung unterzogen.

2 DIE ENTWICKLUNG DES ELITEBEGRIFFS

Der Begriff Elite wirkte seit jeher polarisierend, trennt er doch eine Minderheit durch einen Prozess der Auslese, in welcher Form auch immer, von der Masse. Besonders in der europäischen Geschichte und ganz besonders in der deutschen ist genau diese Dichotomie der Grund, warum das Wort Elite bei vielen Unbehagen auslöst. Um zu verstehen, wieso gerade in Deutschland die Elitenrekrutierung ein so sensibles Thema ist und wieso sich Deutschland immer noch schwer tut eine organisierte Elitenrekrutierung zu installieren, muss man die Entwicklung des Elitenbegriffes verstehen.[10]

2.1 ENTSTEHUNG DES ELITEBEGRIFFS

Die ersten Entwürfe einer Eliterekrutierung machte bereits Platon (427-347 v. Chr.), indem er die Rekrutierung der Philosophenkönige, welche laut ihm die Weisen und Besten seien, in seinem Werk Politeia beschreibt. Wie empfindlich gerade die deutschsprachigen Philosophen nach dem zweiten Weltkrieg auf das Thema Elite reagierten, zeigt die Platokritik Poppers[11], welcher Plato totalitäre Ideen vorwirft. Diese Sensibilisierung ist die Folge der Entwicklung des Elitebegriffes im 19. Jahrhundert und in der ersten Hälfte des 20. Jahrhunderts.

Der Elitebegriff selbst stammt aus dem 18. Jahrhundert und wurde zunächst vom französischen Bürgertum benutzt. Zunächst gebraucht als Kampfbegriff gegen Adel und Klerus, um Abstammung als Voraussetzung erfolgreicher Karrieren zugunsten von Leistung abzulösen[12], änderte sich die Bedeutung im 19.Jh. In den Zeiten von Industrialisierung und Bevölkerungswachstum gebrauchte das Bürgertum den Begriff Elite um sich selbst von der

---

[10] Vgl. hierzu Hartmann: Elitesoziologie, S.43f
Siehe dazu Kapitel 2.3
[11] Karl R. Popper: Die offene Gesellschaft und ihre Feinde. Der Zauber Platons. s.l. 1945.
[12] Hartmann: Elitesoziologie, S.9.

Masse abzugrenzen[13]. Die Angst der bürgerlich akademischen Intelligenz vor den revolutionären Forderungen der Arbeiterschaft führte dazu, dass alle drei grundlegenden Theorien zu dieser Thematik fast gleichzeitig um die Jahrhundertwende verfasst wurden. [14] Kein Wunder also, dass die Dichotomie von Elite und Masse die Werke beherrscht. Diese machiavellistischen Theorien von Mosca, Pareto und Michels, welche klar zwischen herrschender Elite und beherrschten Massen unterscheiden, halfen nicht zuletzt genau wegen ihrer eliteverherrlichenden Form dem deutschen und italienischen Faschismus an diese Theorien anzuknüpfen[15].

2.2 ELITE UND MASSE – DIE DICHOTOMIE VON MOSCA, PARETO UND MICHELS

Gemeinsam haben alle drei Theorien nicht nur die Unterteilung der Gesellschaft in Elite und Masse, sondern auch die Frage nach der Reproduktion der Eliten. Alle drei sehen nicht etwa die Rekrutierung neuer Eliten als Aufgabe des Staates, sondern gehen davon aus, dass der Antagonismus zwischen Elite und Masse selbst zur Entwicklung neuer Eliten führt.

Gaetano Mosca sieht zum Beispiel in dem Konflikt zwischen „Monopolisierungsbestrebungen der Herrschenden und dem Aufstiegswillen neuer Kräfte"[16] den Motor die alten Eliten durch neues Blut aufzufrischen. Er hält genau diese Durchmischung für zwingend notwendig, da, wie er sagt, eine Elite durch reine Vererbung, aufgrund fehlender Notwendigkeit sich durchzusetzen, durch „fehlende Kühnheit und Kampfeslust"[17] schnell verweichlicht und drohenden politischen Gefahren nicht genug entgegenzusetzen vermöge. Dieser Prozess erfolgt jedoch normalerweise nicht plötzlich, sondern fortlaufend und schleichend, und führt dann zum Erfolg, wenn sich „neuen Eliten" die Verhaltensweisen und Eigenschaften der Alten aneignen.[18]

---

[13] Schubert: Leistungseliten, S.3-4.
[14] Hartmann: Elitesoziologie, S.13.
[15] Hartmann: Elitesoziologie, S.43.
[16] Ebd., S.23.
[17] Ebd.
[18] Ebd, S.24.

Mosca bemerkt also zwei Punkte, die für die Beantwortung der Frage nach der heutigen Eliterekrutierung wichtig sind. Zum einen gibt es gewisse Monopolisierungsbestrebungen der bestehenden Eliten, also den Wunsch das bestehende Verhältnis zu konservieren. Zum anderen sind es die Eliten selber, die ihre Auffrischung steuern[19]. Ohne Anpassung an bestehende Verhaltensweisen und Ausdrucksformen der neuen Elemente haben letztere keine Chance als neue Elite aufgenommen zu werden.

Vilfredo Pareto wird in seinem Buch über den „Kreislauf der Eliten" noch ein wenig deutlicher. Hat die „niedere, elitefremde Schicht" keine Chance als Elite rekrutiert zu werden oder veraltet bzw. schwächelt die Elite durch nicht stattfindenden Kreislauf, führe dies unweigerlich zur Revolution.[20] Es kann jedoch nicht davon ausgegangen werden, dass die gesamte Unterschicht den Wunsch hat zur oberen Führungsschicht zu gehören. Robert Michels, der die Eliteforschung hauptsächlich am Beispiel der innerparteilichen Organisation der SPD betrachtete, sagt sogar, dass die Masse froh ist, die Aufgabe des Führens an andere delegieren zu können. Und empfindet dadurch nicht nur große Dankbarkeit sondern auch Verehrung den Führern gegenüber.[21]

Nun standen alle drei Forscher dem italienischen Faschismus, nicht nur ideologisch, recht nahe. So sind natürlich viele Hypothesen nicht mehr auf die heutige Gesellschaft anwendbar, auch wenn Pareto und Mosca explizit betonen, dass ihre Schemata auch auf Demokratien anwendbar seien, da es auch dort eine herrschende Klasse gebe und wahre Volksvertretung daher eine „Fiktion" sei. [22] Diese Theorien fielen natürlich nicht nur bei den Faschisten auf fruchtbaren Boden, sondern sind mit dem heutigen pluralistischen und liberalen Gesellschaftsbild kaum vereinbar. Trotz alledem stimmen noch einige Teile ihres Grundgerüstes und können helfen die Antriebe zu verstehen, welche die heutige Eliterekrutierung beeinflussen. Zum einen gibt es auch heute noch einen Wunsch nach Machtkonservierung, auch wenn dieser nicht mehr primär durch Vererbung sichergestellt wird. Des Weiteren bestimmen auch heute noch zu großem Teil die Eliten ihre Nachfolger

---

[19] Die Ausnahme stellen Revolutionen dar, in denen es auch eine völlige Umwälzung der Eliten gibt.
[20] Hartmann: Elitesoziologie, S.31.
[21] Ebd., S.34.
[22] Ebd., S.26.

selber. So werden Manager nicht etwa auf Jahreshauptversammlungen gewählt, sondern weiterhin vom Aufsichtsrat bestellt[23].

Die Erfahrungen mit dem Faschismus führten zwangsweise zur Abwendung von den klassischen Elitetheorien und führten daher nach Kriegsende zu dem Versuch die klassische Dichotomie abzuwerfen und einen neuen theoretischen Ansatz zu finden, welcher zum einen mit dem neuen pluralistischen Gesellschaftsbild übereinstimmte und zum anderen dazu dienen sollte in der „Stunde Null" eine neue unvorbelastete Elite hervorzubringen.

2.3 FUNKTIONSELITEN ALS REAKTION AUF DEN FASCHISMUS

Ziel der Nachkriegseliteforschung war es eine Elite zu schaffen, welche aus den Reihen der Masse gebildet wird. Eine vom Volke abgegrenzte Elite, welche, wie Harold D. Lasswell[24] 1934 behauptet, das Volk manipulieren können muss, entspricht nicht dem konstitutionellen Grundsatz der vom Volk ausgehenden Macht, sondern entfremdet das Volk von der Macht. Daraus leitet sich zwingend die Abschaffung der Dichotomie ab. Das Ideal von einer Elite, welche sich aus den besten des Volkes bildet, wurde geschaffen. In diesem Punkt unterscheidet sich die deutsche Eliteforschung stark von der amerikanischen, was sich, wie später genauer beschrieben wird, auf die heutige Eliterekrutierung auswirkt. Einer kritischen Betrachtung der Massen und ein grundsätzliches Vertrauen auf die Eliten auf amerikanischer Seite[25], steht ein „kritisches Beäugen"[26] der Eliten auf deutscher Seite gegenüber. So verlangt Hans Peter Dreitzel[27] eine Eliteauswahl, „die auf Leistung erfolge und für alle Bürger erreichbar sei"[28]. Gleichzeitig, so sagt Dahrendorf[29], gibt es in der modernen Gesellschaft keine einheitliche Machtelite mehr. Stattdessen gibt es eine Vielzahl von Funktionseliten, welche um die Macht konkurrieren.[30] Der deutsche Versuch eine rein leistungsbezogene Rekrutierung durchzusetzen ist aber, wie Dreitzel selber erkennt, eine Ideologie[31]. Zum einen gäbe es weiterhin zumindest in Familienbetrieben den Faktor Vererbung, zum anderen spiele nicht nur Leistung eine entscheidende Rolle, sondern auch Erfolg, der nicht nur auf sachliche

---

[23] Vgl. hierzu Ebd., S.53.
[24] Amerikanischer Eliteforscher (1902-1978) vgl. hierzu Hartmann: Elitesoziologie, S. 46.
[25] Hartmann: Elitesoziologie, S.47f
[26] Ebd., S.51.
[27] Deutscher Eliteforscher (geb. 1935) vgl. hierzu Ebd., S.57.
[28] Ebd., S.58.
[29] Deutscher Eliteforscher (geb. 1929) vgl. hierzu Ebd., S.52.
[30] Ebd., S. 55f.
[31] Ebd., S.59f.

Leistung, sondern auch auf charakterliche Eignung (z.B. Durchsetzungsvermögen) beruhe. Leistung bedeutet bei Dreitzel hauptsächlich schulische Leistung, also Bildung[32]. Weiterhin muss beachtet werden, dass in den 1960er Jahren, in denen die Theorien von Dreitzel und Dahrendorf entstanden sind, es bei Weitem nicht allen offen stand zu studieren.[33] Diese „Bildungsferne" der unteren Schichten sehen beide Forscher daher auch als den Grund an, wieso in der Mitte des 20. Jahrhunderts die Elite noch in großer Mehrheit aus der Oberschicht rekrutiert wurde. Folglich erwarteten beide eine starke Verbesserung dieses „Problems", durch die in der Einleitung angesprochene Bildungsreform, welche der breiten Masse einen besseren Zugang zur Bildung eröffnen sollte.[34]

3 SOZIALE HERKUNFT ALS SELEKTIONSKRITERIUM IN DER ELITENREKRUTIERUNG IN DEUTSCHLAND

Während vor der Bildungsreform 1950 nur 12% der Schüler ein Gymnasium besuchten, nahm die Zahl nach 1960 stark zu, nämlich von 15% auf 31%.[35] So kann man grundsätzlich davon ausgehen, dass zumindest die Hochschulreife in der zweiten Hälfte des 20. Jahrhunderts an Exklusivität verloren hat. Dies alleine sagt jedoch noch nichts aus.

Betrachtet man nun den Bildungsabschluss als Indikator für Leistung, wie es Dreitzel getan hat, und möchte man eine Antwort auf die Frage nach der Abhängigkeit von der Chance als Elite rekrutiert zu werden und der sozialer Herkunft finden, so muss man sich zwei Fragen stellen. Besteht zum einen eine Unabhängigkeit zwischen Bildung und sozialer Herkunft (a) und zum anderen, besteht eine Übereinstimmung zwischen Chance als Elite rekrutiert zu werden und Bildung (b)[36]?

a)

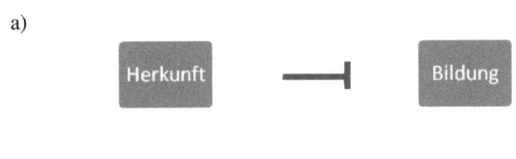

---

[32] Ebd. S.58
[33] Vgl hierzu folgende Seite
[34] Hartmann: Elitesoziologie, S.59.
[35] Schubert: Leistungseliten, S.24.
[36] Wirkt also nicht eine Drittvariable auf diese Abhängigkeit

b)

Sind diese beiden Bedingungen erfüllt, so kann man davon sprechen, dass nur Leistung zählt und die Chance als Elite rekrutiert zu werden nicht von der sozialen Herkunft abhängig ist. Falls eine der beiden Hypothesen nicht gilt, so muss geprüft werden, in welchem Maße soziale Herkunft auf die Chance zur Elite rekrutiert zu werden wirkt.

3.1 SELEKTIVITÄT DURCH BILDUNG IM WANDEL

Dass es einen Zusammenhang zwischen Bildung und der Chance gibt als Elite rekrutiert zu werden gibt, ist recht offensichtlich. Bereits 1969 besaßen 93% der 100 Topmanager in Deutschland das Abitur, heute sind es 95,5%. Einen Hochschulabschluss besaßen 1970 83%, heute sind es 93%.[37] Folglich ist es nahezu unmöglich ohne Abitur und nur sehr schwer möglich ohne Hochschulabschluss einen Platz in Deutschlands Elite zu erreichen. Dies hat sich, so zeigen die Zahlen, durch die Bildungsreformen in den 1960er und 70er Jahren kaum geändert. Nun, zunächst davon ausgehend, dass Bildung direkt übereinstimmend auf die Chance auf Elite wirkt, schließt sich die Frage an, inwieweit die Chance auf Bildung von der sozialen Herkunft abhängt.

Formell steht natürlich damals wie heute für jeden der Bildungsweg offen[38]. Faktisch hat sich jedoch sich jedoch ein klarer Wandel vollzogen. 1965 betrug der Anteil an Arbeiterkindern auf dem Gymnasium nur 6,4%. Bereits 1989 ist dieser Wert auf 16,5% gestiegen.[39] Somit ist also die Möglichkeit für Arbeiterkinder gestiegen, einen Studien aufzunehmen und damit die Chance zu erwerben, in Spitzenpositionen zu gelangen. Damit stellt sich die Frage, ob sich dieser Trend auch auf die Hochschulen fortgesetzt hat, schließlich reicht das Abitur alleine meist nicht aus, um den Karriereweg bis zur Spitzenposition zu gehen.

---

[37] Hartmann: Habitus oder Bildungstitel, S.180.
[38] Damals, so behaupten Dreitzel und Dahrendorf, wäre es für jede Arbeiterfamilie möglich ein Studium für mindestens ein Kind zu bezahlen. Vgl. hierzu Hartmann: Elitesoziologie, S.59.
[39] Schubert: Leistungseliten, S. 30.

An den westdeutschen Hochschulen ist diese Entwicklung erkennbar. Insgesamt ist die Zahl der Studierenden expansiv angestiegen. Von gerade einmal 110.000 Studierende 1950 auf über 800.000 am Ende der siebziger Jahre, auf über 1.500.0000 Mitte der neunziger Jahre.[40] Auch bei den Diplomabschlüssen ist ein Anstieg um das Sechsfache zu verzeichnen.[41] Auch hier hat also eine Öffnung stattgefunden. Eine ganz andere Sache zeigt dies aber auch. Durch diese Öffnung hat ein Hochschulabschluss eindeutig an Exklusivität verloren. Ob jedoch heute eine größere soziale Gleichheit in der Bildung besteht, sagen diese Zahlen nicht. Dafür werden nun die Zahlen über in die ökonomischen Verhältnisse der Eltern bzw. deren berufliche Stellung aufgeschlüsselt.

1982	Berufliche Stellung der Eltern				
Beginn Studium	Beamte	Selbstständige	Angestellte	Arbeiter	gesamt
JA	45,4%	28,4%	32,3%	8,6%	114,7%
NEIN	54,6%	71,6%	67,7%	91,4%	285,3%
gesamt	100%	100%	100%	100%	400%

42

1993	Berufliche Stellung der Eltern				
Beginn Studium	Beamte	Selbstständige	Angestellte	Arbeiter	gesamt
JA	64,8%	47,7%	37,3%	15,1%	164,9%
NEIN	35,2%	52,3%	62,7%	84,9%	235,1%
gesamt	100%	100%	100%	100%	400%

43

Zunächst einmal ist anhand dieser Tabellen das bereits Gesagte erkennbar, nämlich, dass durch alle ökonomischen Verhältnisse im Elternhaus hindurch ein Anstieg stattgefunden hat. Betrachtet man nun aber für die beiden Tabellen den korrigierten Kontingenzkoeffizienten, so ergibt sich für 1982 K*= 0.396 und für 1993 K*= 0.51. Es besteht also sowohl im Jahre 1982, als auch im Jahre 1993 ein recht großer Zusammenhang zwischen der Beruflichen Stellung der Eltern und dem Studienbeginn an einer (Fach-)Hochschule. Überraschend ist, dass dieser Zusammenhang nicht wie vielleicht erwartet im Laufe der Jahre weiter abnimmt, sondern im

---

[40] Ebd., S.31.
[41] Ebd., S.35f.
[42] Schubert: Leistungseliten, S.29.
[43] Ebd.

Gegenteil größer geworden ist. Von einer Unabhängigkeit zwischen sozialer Herkunft und Bildung kann also in keinster Weise gesprochen werden.[44]

Somit kann Hypothese (a) widerlegt werden. Es gibt also einen Zusammenhang zwischen Bildung und sozialer Herkunft. Da, wie gezeigt, ebenfalls eine Abhängigkeit zwischen Chance als Elite rekrutiert zu werden und Bildung besteht, ergibt sich folgende Kausalkette:

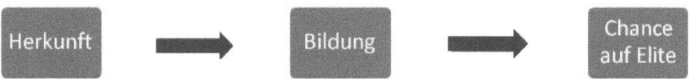

Falls es keine weiteren Drittvariablen oder Abhängigkeiten gibt, und nur Bildung auf die Chance als Elite rekrutiert zu werden wirkt, muss es, durch den Wegfall der Exklusivität eines Hochschulabschlusses, eine Öffnung der Eliten gegeben haben. Schließlich zeigen die Zahlen immer noch eine hohe Abhängigkeit zwischen sozialer Herkunft und Bildung, jedoch bei Weitem nicht mehr in der Größe, wie vor der Bildungsreform in den 1970er Jahren. Überraschenderweise ist dies jedoch nicht der Fall. Während der Anteil der Mittelschicht an der Elite von 1970 17% auf 13% im Jahr 1998 sank, stieg der Anteil des gehobenen Bürgertums in diesem Zeitraum von 83% auf 87%.[45]

Was sind die Gründe für diese Entwicklung? Entweder ist die Öffnung in der Bildung nur oberflächlich und wirkt sich nicht auf die Eliten aus, oder es gibt eine Weitere, bisher nicht erkannte Abhängigkeit oder Variable. Tatsächlich trifft beides zu. Bisher wurden lediglich das Abitur und der Hochschulabschluss als Kriterien für Bildung betrachtet. Diese schaffen auch selbstverständlich, wie gezeigt, die Basis um die Chance auf Rekrutierung zur Elite zu bewahren. Jedoch darf die Promotion als höchster deutscher Bildungsabschluss gerade beim Betrachten der Eliterekrutierung nicht außer Acht gelassen werden. Gerade die Promotion ist in der Hauptsache den höheren sozialen Schichten vorbehalten. So stellt die Mittelschicht und die Unterschicht zusammen, bei 96,5% Bevölkerungsanteil, gerade einmal 40% der Promovierten[46], dagegen die Oberschicht die restlichen 60%.[47] Da der Anteil der

---

[44] Betrachtet man die Zahlen vor 1982 ist jedoch eine Öffnung für die unteren Schichten zu erkennen, diese Entwicklung dreht sich jedoch seit den letzten 20 Jahren scheinbar wieder um. Vgl. hierzu Ebd., S.32.
[45] Schubert: Leistungseliten, S.65.
[46] In den Fächern Jura, Wirtschafts- und Ingenieurswissenschaften
[47] Schubert: Leistungseliten, S. 65f

Promovierten in der Wirtschaftselite bei etwa 50% liegt[48], zeigt sich die Abhängigkeit zwischen sozialer Herkunft und Bildung noch viel deutlicher, als zuvor angenommen.

Doch auch unter den Promovierten haben die Angehörigen der höheren Schichten bessere Chancen als Elite rekrutiert zu werden. Dies liegt zwar zum einen auch daran, dass die Angehörigen der oberen Schichten oft in prestigeträchtigeren Fächern, wie Jura oder Ingenieurswissenschaften promovieren, jedoch zeigt sich selbst nach der Aufschlüsselung in Fachgebieten noch diese Abhängigkeit und ist somit nicht alleine durch die Fächerwahl zu erklären. Da also selbst bei gleichem Abschluss, im gleichen Fach, bei gleichem Studienverlauf noch eine Abhängigkeit zwischen sozialer Herkunft und Elitenrekrutierung gibt, muss es noch eine weitere Abhängigkeit geben.

3.2 SOZIALER HABITUS ALS AUSWAHLKRITERIUM

Wie bereits Mosca feststellte, rekrutieren die Eliten sich selbst und haben ein Bedürfnis nach Konservierung. Nun fiel den Eliten der 1960er Jahre dies nicht sehr schwer, schließlich standen damals Bildungsabschluss und soziale Herkunft in unmittelbarer Nähe zueinander. Durch den Wegfall der Bildungsexklusivität ist es jedoch zum einen schwerer eine zu starke Öffnung der Eliten zu verhindern, und zum anderen komplizierter Bewerber zu finden, die sowohl Bildung als auch das Wissen sich in dieses Kreisen zu bewegen, mitbringen.[49]

Dies führt zu einem Wertverlust des Hochschulabschlusses. So lässt Hartmann einen Personalberater in seinem Aufsatz sagen:

> „Wenn sie jetzt an eher 40-jährige denken, so sind die aus einer Zeit, wo sie sich fast nur noch durch Selbstmord einem Studium entziehen konnten, und dann ist das überhaupt kein Kriterium mehr."[50]

Gleichzeitig führt dies zum einen zur Wertsteigerung der Promotion und zum anderen zur Notwendigkeit weiterer Auswahlkriterien. Da es also bei den Bewerbern an Bildung nicht mangelt, rücken Sekundärkriterien in den Vordergrund, welche darauf hindeuten, dass die Bewerber sich als Elite zu verhalten wissen.

---

[48] Ebd.
[49] Vgl. S.5.
[50] Hartmann: Habitus oder Bildungstitel, S.184.

Als absolute Notwendigkeit gilt stilvolle Kleidung[51]. Oft wird sie mit Tugenden wie Selbstsicherheit, Weltoffenheit, usw. verbunden. Gerade der erste Eindruck zählt, wie Interviews mit Topmanagern beweisen, am meisten[52]. Aber auch Allgemeinbildung sowie ein gewisses kulturelles Verständnis ist absolut notwendig. In späteren Verhandlungen kann genau dieses Wissen den Unterschied machen, schließlich kann der neue Topmanager nur so bei einem Geschäftsessen mitreden. Außerdem ist gerade Allgemeinbildung zwingend notwendig, um Entscheidungen von großer Tragweite beurteilen zu können.

Die Fokussierung auf Charaktereigenschaften und sozialen Habitus ist damit eine Reaktion auf die veränderte Exklusivität in der Bildung. Durch diese Auswahlkriterien ist es weiterhin möglich, die Eliten zu konservieren. Die Topmanager streben danach, wie Mosca schon feststellte, ihren Nachfolger an sich selbst zu messen und jemanden zu wählen, der ihnen recht Nahe ist. Diese Identifizierung mit dem „Nachwuchs" fällt bei Kandidaten mit gleichem Habitus wesentlich leichter. Diese Auswahlkriterien sind keinesfalls neu, nur ist heute Bildung vom sozialen Habitus weitgehend getrennt und so fällt dieser Habitus als zusätzliches Auswahlkriterien mehr auf. Dies heißt nicht, dass die unteren Schichten keine Chancen haben in die Eliten zu gelangen, jedoch ist für sie ein größerer Fleiß notwendig um die Voraussetzungen, die Kinder aus höheren Schichten sich in ihrer Kindheit aneignen mussten, nachzuholen. Gleichzeitig ist es auch wesentlich einfacher für jemanden, der bereits durch die Familie Verbindungen zu die höchsten Ämtern und Positionen hat, sich einen Namen zu machen.

Somit kann man also festhalten, dass Bildung heute kein so großer Indikator für sozialen Habitus mehr ist, wie früher. Daher wirkt der soziale Habitus nicht mehr durch die Bildung auf die Chance als Elite rekrutiert zu werden, sondern wirkt direkt auf diese Chance.

Somit haben wir keine Übereinstimmung zwischen Chance als Elite rekrutiert zu werden und Bildung (b). Vielmehr wirkt der soziale Habitus zusätzlich auf die Chance als Elite rekrutiert zu werden.

Somit stellt sich folgende Multikausalität dar:

---

[51] Ebd., S.184f.
[52] Ebd.

14

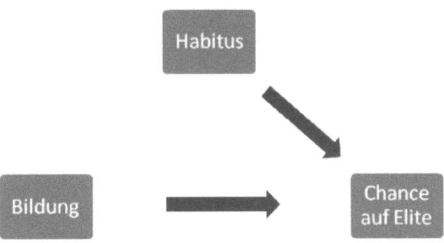

Sowohl Bildung als auch der soziale Habitus sind notwendige Voraussetzungen, um eine Chance zu haben, als Elite rekrutiert zu werden. Da sowohl Bildung[53] als auch der soziale Habitus von der sozialen Herkunft abhängig sind, wirkt die soziale Herkunft durch die Kriterien Bildung und sozialer Habitus auf die Chance als Elite rekrutiert zu werden:

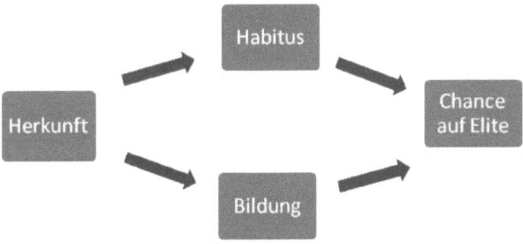

Es lässt sich also feststellen, dass sowohl die anfänglich aufgestellte Hypothese a) wie auch b) sich als nicht richtig herausgestellt haben. Bildung ist stark abhängig von der sozialen Herkunft, erst recht bei der Promotion. Und Bildung ist nicht der einzige Indikator für die Chance als Elite rekrutiert zu werden. Der soziale Habitus, also die Umgangsformen, das Auftreten sowie Kleidung, kulturelles und allgemeines Wissen sind ebenfalls entscheidende Kriterien, wenn es um die Besetzung eines elitären Postens in der Wirtschaft geht. Somit besteht also eine direkte Abhängigkeit zwischen der Chance als Elite rekrutiert zu werden und der sozialen Herkunft in der BRD. Wie groß diese Abhängigkeit ist, lässt sich leicht ablesen, wenn man betrachtet, welche soziale Herkunft die Eliten besitzen.

---

[53] Siehe dazu S.10.

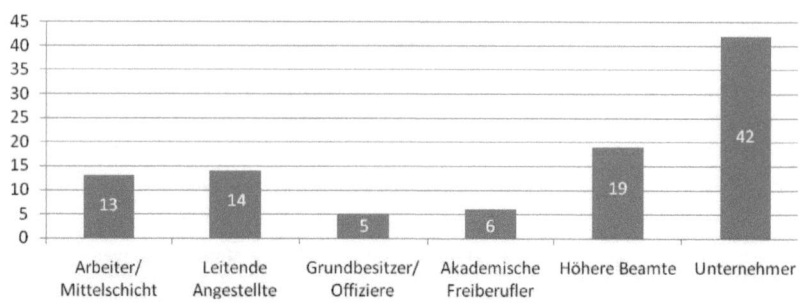

soziale Herkunft der Vorstandsvorsitzenden der 100 größten deutschen Unternehmen 1996

54

Doch trotz dieser eindeutigen Abhängigkeit, ist die deutsche Eliterekrutierung im internationalen Vergleich gerade zu liberal. Deutschland hat sogar eine Sonderrolle inne, vergleicht man es mit den anderen westlichen Wirtschaftsländern.

3.3 DIE DEUTSCHE SONDERSTELLUNG IM INTERNATIONALEN VERGLEICH

Die deutsche Bildungslandschaft ist einzigartig, vergleicht man sie mit denen der anderen großen westlichen Länder England, Frankreich und den Vereinigten Staaten. Deutschland ist in diesem Vergleich das einzige Land, indem es zum einen jedem finanziell möglich ist alle Schulen und Universitäten zu besuchen[55] und zum anderen, indem es durch die gesamte Bildungslandschaft eine soziale Öffnung gegeben hat.

Zwar gab es in fast allen Ländern Nordeuropas eine Hochschulexpansion,[56] jedoch umfasste diese nicht in allen Ländern auch die elitären Bildungseinrichtungen. So blieben die Elitehochschulen Frankreichs davon unberührt.[57] Gerade in Frankreich könnte die Bildungslandschaft kaum unterschiedlicher zu Deutschland sein. Bis heute gibt es dort

---

[54] Schubert: Leistungseliten, S.65.
[55] Eine Ausnahme stellen private Internate dar.
[56] Hartmann: Eliten in Europa, S.62.
[57] Ebd., S.67.

16

Elitehochschulen, welche, genauso wie in der 1960er Jahren nur zwischen 100 und 300 Bewerber aufnehmen, wobei sich diese mit 85% hauptsächlich aus Unternehmerfamilien rekrutieren.[58] Zwar gibt es standardisierte Aufnahmetests, doch durch den Vorsprung an kulturellem und allgemeinem Wissen haben die Kinder aus den höheren Schichten schon hier einen deutlichen Vorsprung. Doch wer es einmal geschafft hat an diesen Universitäten angenommen zu werden, der hat auch guten Chancen in der Wirtschaft nach ganz oben zu kommen. So stammen bereits 2/3 der Vorstandsvorsitzenden der 100 größten französischen Unternehmen aus den vier berühmtesten Eliteuniversitäten Frankreichs, der ENA, der Ecole Polytechnique, der ENS und der HEC.[59] Unter dieses herrscht ein kaum zu übertreffender Corpsgeist, welcher die Absolventen der Universitäten, unabhängig von der jeweiligen beruflichen Position, sich mit „Camerade" ansprechen lässt.[60]

Auch in England und den USA ist die Eliterekrutierung ähnlich mit der französischen. Dort beginnt sie allerdings bereits in den Schulen. In England mit den sogenannten Puplic Schools, zu denen z.b. Etan und Harrow zählen[61]. In den USA nehmen vergleichbare Privatschulen wie Phillips Exeter diese Stellung ein. Fortgesetzt wird der elitäre Bildungsweg an den Eliteuniversitäten wie Oxford und Cambridge in England und Harvard, Yale und Princeton in den USA. Wie elitär diese Schulen sind zeigt sich daran, dass die Absolventen sowohl in England als auch in den USA zum einen die Politik als auch die Wirtschaft beherrschen. So haben in England nur 3 von 12 Premiers seit 1945 nicht in Oxford oder Cambridge studiert. In den 100 größten Wirtschaftsunternehmen haben immer noch 50% der Chefs (Chairmen) in Oxford oder Cambridge studiert. [62] Eine so eindeutige Dominanz zeigt sich in den USA jedoch nicht. So sind es „nur" 25% der 100 Topmanager, welche eine der vier angesehensten Universitäten der USA besuchten, jedoch kommen 12 alleine aus Harvard. Eine Dominanz in der Politik zeigt sich erst seit 1989[63]. Seitdem kam jeder Präsident und Bewerber aus Harvard oder Yale, eine Ausnahme stellt der derzeitige Präsidentschaftskandidat Mc Cain dar, welcher nach einer Private School direkt, wie in der Militärlaufbahn in den USA üblich, an die Marine Akademie wechselte.

---

[58] Ebd., S.68.
[59] Hartmann: Elitesoziologie, S. 110.
[60] Ebd., S.116.
[61] Ebd., S.117.
[62] Ebd., S.120.
[63] Ebd., S.130.

Wie man also sieht, ist hier ein klarer Unterschied zu Deutschland zu erkennen. Diese organisierte Eliterekrutierung, welche eine Art Vorauswahl beinhaltet, macht es natürlich den bestehenden Eliten um einiges leichter den Nachwuchs zu rekrutieren. Fast blind werden die Absolventen der Eliteuniversitäten eingestellt, um sich dann in den Unternehmen zu beweisen. Da haben es die deutschen Unternehmer schwerer. Sie müssen selber Auswahlmechanismen wählen und anhand persönlicher Gespräche die Fähigkeiten filtern. Sie können sich dabei nicht auf eine Vorauswahl verlassen. Gleichzeitig jedoch lässt sich, gerade deshalb, trotz der starken Abhängigkeit von sozialer Herkunft und Chance auf Elite in Deutschland sagen, dass die deutsche Eliterekrutierung im internationalen Vergleich mit Abstand am liberalsten ist.

4 SCHLUSS

Gibt es eine Abhängigkeit von der Chance als Elite rekrutiert zu werden und der sozialen Herkunft in Deutschland, und wenn, wie groß ist diese, war die Frage, welche zu Beginn dieser Arbeit gestellt wurde.

Anhand dieser Fragen wurden zwei Hypothesen entworfen. Zum einen die Unabhängigkeit von sozialer Herkunft, zum anderen die Übereinstimmung von Bildung (und damit laut Dreitzel Leistung) und Chance als Elite rekrutiert zu werden.

Die erste Hypothese konnte aufgrund von Statistiken mit zugehörigem K*-Wert widerlegt werden. So zeigte sich, dass es eine starke Abhängigkeit zwischen Bildung und sozialer Herkunft in Deutschland gibt. Außerdem legten Zahlen über eine nicht stattgefundene Öffnung der Eliten den Schluss nahe, dass zur Abhängigkeit der Bildung von der sozialen Herkunft noch weitere Variablen gibt, welche auf die Eliterekrutierung in Bezug auf die soziale Herkunft wirken.

Die von Hartmann geführten Interviews mit Spitzenmanagern und Personalberatern zeigten, dass sich der soziale Habitus als weiteres Selektionsmerkmal bei der Elitenrekrutierung in Deutschland etabliert hat. Somit war ebenfalls die zweite Hypothese widerlegt. Stattdessen zeigte sich, dass die soziale Herkunft zum einen durch Bildung und zum anderen durch den sozialen Habitus mit der Chance als Elite rekrutiert zu werden korreliert. Dass diese Art der Eliterekrutierung eine Sonderstellung in der der westlichen Industriestaaten darstellt wurde abschließend gezeigt.

Somit lässt sich abschließend feststellen, dass es eine starke Abhängigkeit von Chance als Elite rekrutiert zu werden und sozialer Herkunft gibt. Diese wirkt über die Umwege Bildung und sozialer Habitus und nimmt zurzeit in ihrer Stärke noch zu. Interessant zu untersuchen wäre dabei sicherlich, ob die Einführung von Studiengebühren an deutschen Universitäten zum einen eine soziale Schließung der Bildung nach sich führt und zum anderen die daran anschließende Auswirkung auf die Eliterekrutierung mit der Folge einer weiteren Schließung der Eliten in Deutschland.

LITERATURVERZEICHNIS

Die Zeit 29 (2007), http://www.zeit.de.

Hartmann, Michael: Eliten und Macht in Europa. Ein internationaler Vergleich. Frankfurt/Main 2007.

Hartmann, Michael: Elitesoziologie. Eine Einführung. Frankfurt/Main 2004.

Hartmann, Michael: Klassenspezifischer Habitus oder exklusiver Bildungstitel als soziales Selektionskriterium?. Die Besetzung der Spitzenpositionen in der Wirtschaft. In: Krais, Beate (Hrsg.): An der Spitze. Von Eliten und herrschenden Klassen. Konstanz 2001.

Schubert, Klaus: Leistungseliten: Die Bedeutung sozialer Herkunft als Selektionskriterium für Spitzenkarrieren. Eine Analyse unter besonderer Berücksichtigung von Sozialisation und Qualifikation. Hamburg 2005.